DK

Ich will was wissen über LASTWAGEN

DORLING KINDERSLEY
London, New York, Melbourne, München und Delhi

Text und Redaktion Elizabeth Haldane
Gestaltung Mary Sandberg

Cheflektorat Susan Leonard
Chefbildlektorat Clare Shedden
Covergestaltung Neal Coburne
Bildrecherche Anna Bedewell
Herstellung Emma Hughes
DTP-Design Almudena Díaz
Fachliche Beratung Dave Young

Bibliografische Information Der Deutschen Bibliothek
Die Deutsche Bibliothek verzeichnet diese Publikation
in der Deutschen Nationalbibliografie;
detaillierte bibliografische Daten sind im Internet über
http://dnb.ddb.de abrufbar.

Titel der englischen Originalausgabe:
Machines at Work: Truck

Übersetzung Dr. Michael Schmidt

ISBN 3-8310-0752-7

Colour reproduction by GRB, Editrice, S.r.l., Verona
Printed and bound in China by Toppan

Besuchen Sie uns im Internet
www.dk.com

Inhalt

Giganten

Lastwagen (Lkws) gibt es in vielen Formen und Größen. Die größten Lkws sind Lastzüge und bestehen aus zwei Teilen, die miteinander verbunden sind: der **Zugmaschine** und dem **Auflieger**.

Schon gewusst?

- Der Motor eines Lastzugs ist vier Mal stärker als der eines Pkws.
- Viele Zugmaschinen haben hinter dem Führerhaus eine Schlafkabine.
- Lkws haben große Kraftstofftanks, damit sie nicht so oft auftanken müssen.

Einteilig

Manche Lkws haben eine starre Achse. Führerhaus und Laderaum sind fest miteinander verbunden.

Bei einem leeren Auflieger hebt diese Achse vom Boden ab.

Der Auflieger dreht sich um ein Spezialgelenk, die Sattelkupplung.

Ankoppeln

Der Fahrer setzt die Zugmaschine zum Auflieger zurück. Er schließt ihn an Luftschläuche und Stromkabel an, damit die hinteren Bremsen und Leuchten funktionieren.

Gelenkig

Ein Lastzug ist zwischen Zugmaschine und Auflieger beweglich. Dieser Kipphänger hat gerade seine Ladung geleert.

Der Motor ist unter dem Führerhaus.

Aufladen!

Lkws befördern alle Arten von **Gütern** von einem Ort zum anderen. Sie werden an einer Lagerhalle, einem See- oder Flughafen **beladen** und **liefern** ihre Waren an der richtigen Adresse ab.

Expresslieferung
Gemüsepaletten werden in einen Kastenlieferwagen geladen. Sie werden rasch zum Supermarkt oder zur Fabrik gebracht, damit sie frisch bleiben.

Viele Kisten werden verladen.

Dieser Auflieger hat an den Seiten Vorhänge, die zum Beladen zurückgezogen werden können.

Schnallen sichern den Vorhang.

Ein Gabelstapler hebt Kisten hoch.

Größere Ladung

Diese Baumstämme werden von den Riesengreifern eines Krans auf einen Lkw geladen. Stämme zu befördern gehört zu den gefährlichsten Aufgaben eines Lkw-Fahrers.

Gefährliche Güter

Tanklastzüge befördern Flüssigkeiten, Pulver und Gase in **Spezialaufliegern**. Ein Kraftstofftanklastzug **beliefert** Tankstellen. Der Tank ist innen unterteilt, damit der Kraftstoff nicht zu sehr herumschwappt.

Dieses Warnschild zeigt an, dass der Lastzug eine brennbare Flüssigkeit befördert.

Warnschilder

Feuergefährlich!
Kraftstofftanklastzüge tragen dieses Warnschild.

Ätzend!
Hier wird vor starken Chemikalien an Bord gewarnt.

Giftig!
Lastzüge mit Giftgastanks tragen dieses Schild.

Gefahrguttransport

Ein Konvoi von Tanklastzügen befördert Chemikalien auf einer Bergstraße. Die speziell ausgebildeten Fahrer haben strenge Sicherheitsvorschriften.

Kraftstoff wird in unterirdische Tanks gefüllt.

Aus dem Tanker in den Tank

Der Fahrer befestigt einen Schlauch an einem Ventil. Jedes Tankabteil hat ein Ventil. Ist es offen, kann der Tank gefüllt oder entleert werden.

Schwere Brocken

Riesige Muldenkipper arbeiten in **Bergwerken** und **Steinbrüchen**. Rund um die Uhr befördern sie gewaltige Schutt- und Gesteinsmassen.

Riesige Fahrzeuge

Dieser Muldenkipper ist zu groß für normale Straßen. Setzt man ihn woanders ein, wird er zerlegt und auf einem Spezialtransporter befördert.

Beladen

Bei einer Kupfermine belädt ein Bagger einen Muldenkipper. In der Schaufel sind etwa 45 Tonnen Gestein und Schutt – das Gewicht von etwa neun Elefanten!

Staubwolken füllen die Luft.

Ein Reifen ist so teuer wie ein neues Auto.

Eine Stahlkanzel schützt den Fahrer vor herabfallendem Geröll.

Schneeräumer

Im Winter werden an Orten, wo sehr viel Schnee fällt, **Schneepflüge** und **Schneeschleudern** eingesetzt. Sie räumen die Straßen für den Verkehr frei.

Schneewolke
Die Schneeschleuder wühlt den Schnee mit einer sich drehenden Trommel auf. Der Schnee wird nach oben gedrückt und in einem großen Strahl auf die andere Straßenseite geblasen.

Pflugkonvoi
Plötzliche Schneestürme blockieren sehr schnell die Straßen. Dann rückt eine ganze Karawane von Schneepflügen zum Räumen aus.

Schnee schießt heraus...

Die Trommelschaufeln wühlen den Schnee auf.

Bäume auf Rädern

Langholztransporter befördern große Baumstämme. Eine so schwere Last erfordert **starke** Motoren und Bremsen. In abschüssigen Waldgebieten muss der Fahrer viel bremsen.

In Ketten

Die Fahrerin sichert die Stämme mit starken Ketten. Bei dieser gefährlichen Arbeit trägt sie einen Schutzhelm. Senkrechte Stahlträger halten die Last fest.

Fest im Griff

Der Greifer eines Krans packt einen Stapel schwerer Stämme mit seinen Stahlklauen und lädt ihn vorsichtig auf den Anhänger. Spezial-Lkws haben eingebaute Kräne.

Ein Auspuff aus Chrom lässt die Abgase des Motors ab.

Ab zum Sägewerk

Ein Kran verlädt diese Stämme an einem verschneiten Holzeinschlagplatz. Der Langholzlastzug bringt sie zu einem Sägewerk, wo sie entrindet und zersägt werden.

Züge auf der Straße

Die **längsten** Lkws auf der Welt heißen Lkw-Züge, da sie bis zu vier Anhänger ziehen. Sie verkehren in Australien zwischen den **weit auseinander liegenden** Städten.

Zug oder Truck?
Vier Lkw-Züge werden durch Überschwemmungen gestoppt. Sie sind zu groß, um in Städte fahren zu dürfen.

Staubige Straßen

Dieser Lkw-Zug donnert in einer riesigen Staubwolke durch die Wüste in der Mitte Australiens. Sein Kraftstoff reicht für etwa 3500 km.

Achtung Känguru!

Im australischen Outback können herumziehende Kängurus großen Schaden anrichten, wenn sie mit einem Lkw-Zug zusammenstoßen. Ein Rammschutz aus Stahl schützt das Fahrzeug.

Autotransporter

Auf seinem Spezialanhänger befördert dieser **Autotransporter** zehn Autos von der Fabrik zum **Ausstellungsraum**. Das Verladen dauert etwa eine Stunde.

Jedes Auto wird auf ein eigenes Deck gefahren, das dann angehoben wird.

Wertvolle Ladung

Der Fahrer dieses Autotransporters hat eine große Verantwortung. Sorgfältig muss er die Autos verladen und sichern.

Dieser Autotransporter befördert 10 Autos.

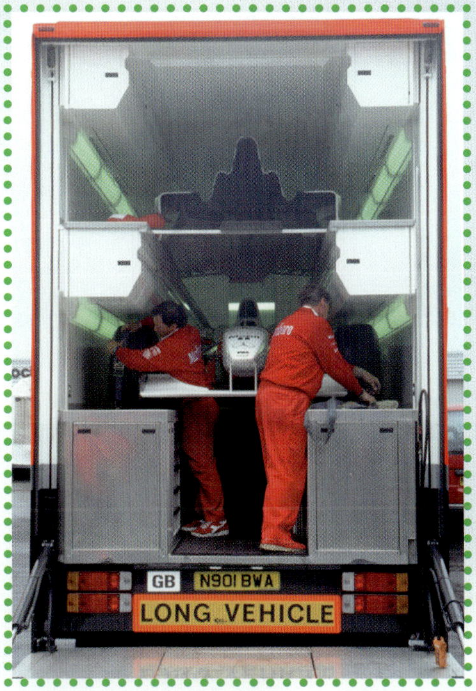

Formel 1

Rennautos werden in Spezial-Lkws zu Rennstrecken gebracht. Eine ferngesteuerte Plattform hebt jeden Wagen in den und aus dem Transporter.

Schon gewusst?

- Der größte Autotransporter fasst 12 Autos.
- Autotransporter gehören zu den teuersten Lkws auf der Straße.
- Ein Computer in der Kabine errechnet die beste Ladereihenfolge.

Leiter zum Sichern des obersten Autos.

Fahrende Kunstwerke

Liebhaber von Trucks gestalten ihre Fahrzeuge nach ihren **Vorstellungen**: mit **viel Chrom**, kunstvoll bemalter Karosserie und luxuriöser Innenausstattung. Viele nehmen an Wettbewerben teil.

Amerikanische Schönheit
Eine auffallende Dekoration ist eine großartige Werbung für den Truck und seinen Besitzer. Bei Truck-Shows werden solche Wagen mit Preisen ausgezeichnet.

Diesen goldenen Truck sieht man schon von Weitem.

Goldstück

Bunte Blüten und religiöse Symbole zieren diesen asiatischen Lkw. Die Fahrer solcher Wagen glauben an den Schutz der Heiligenbilder.

Bemalter Preisträger

Diesen Truck hat ein Künstler gestaltet. Die Sitze sind mit cremefarbenem Leder bezogen. Kein Wunder, dass er bei Truck-Shows Preise bekam.

Renntrucks

Ein Dragster-Truck beschleunigt in 6,36 Sekunden auf 412 km/h. Er ist speziell für hohe **Geschwindigkeiten** gebaut – sein Triebwerk stammt aus einem **Düsenjäger**.

Aufbäumen
Eine Spezialzugmaschine stellt sich auf die Hinterräder. Durch ein schweres Gewicht im Heck heben die Vorderräder ab.

Ist es ein Rekord?
Jet-Trucks fahren nicht gegeneinander, sondern versuchen Geschwindigkeitsrekorde allein zu brechen.

Schnell wie eine Rakete...

Schon gewusst?

- Renntrucks sind sehr laut. Bei den meisten Rennen gilt die Regel: Trucks sollten leiser als der Donner sein!
- Manche Renntrucks haben so viel Kraft wie 1300 Pferde.
- Renntrucks verbrauchen vier Mal so viel Dieselkraftstoff wie ein normaler Lkw.

Bahn frei!
An den beliebten Truckrennen nehmen verschiedenartige Trucks teil: von Lieferwagen bis zu Zugmaschinen wie diesen.

Lkws von morgen

Lkw-Hersteller **experimentieren** mit so genannten **Konzept-Trucks**. Sie suchen nach **stromlinienförmigen** Karosserieformen, die helfen sollen, Kraftstoff zu sparen.

Die abgerundete Kabine erzeugt weniger Luftwiderstand.

Nebel

Ein endloses Experiment
In einem Windkanal arbeitet ein Ingenieur mit einem Spezialnebel, um festzustellen, wie die Luft um die Fenster und Spiegel und wie sie über und unter dem Lkw strömt.

Form der Zukunft?

Große Lkws müssen auf der Straße gegen enorme Luftmassen ankämpfen. Die keilförmige Kabine dieses Konzept-Trucks ist windschnittiger als eine Standardkabine.

Eine neue Generation

Dieser stromlinienförmige Lkw wurde von Renault entworfen. Statt Rückspiegel hat er Kameras, die Bilder auf Monitore im Führerhaus senden.

Monstermaschinen

Einige der größten Räder haben die **Monstertrucks**. Diese irren Fahrzeuge wurden erstmals auf **Sonderausstellungen** in Amerika vorgeführt.

Die Besitzer geben ihren Trucks Namen und lackieren sie auffällig.

Riesenräder

Die Räder an Monstertrucks können um ein Vielfaches größer als die Reifen an einem Familienauto sein. Vier Kinder passen in die Radnabe von Bigfoot 5, einem der bekanntesten Monstertrucks.

Ich fordere dich heraus!

Monsterrennen können gefährlich sein. Damit die Trucks nicht so leicht umkippen, müssen sie 4,5 Tonnen wiegen – achtmal so viel wie ein normales Auto.

Die Trucks haben starke Scheinwerfer für Nachtrennen.

Abgehoben!

Der Monstertruck hat einen sehr starken Motor mit Allradantrieb. Damit kann er über eine Reihe von Autos hinwegfliegen.

Tiefe Profile sorgen für guten Halt im Schlamm.

In alten Zeiten

Die ersten Lastwagen wurden von **Dampfmaschinen** angetrieben, hatten **Vollgummireifen** und blieben oft in Schlamm und Sand stecken.

Tankfahrzeuge wurden von oben beladen.

Holztransporter 1929
Dieser frühe Holztransporter fuhr mit verkürztem Anhänger, wenn er leer war. Der Fahrer war fast schutzlos der Kälte ausgesetzt.

Pferdestärke

Lastwagen lösten allmählich die Pferdewagen ab. Hier arbeiten sie noch Seite an Seite. Auch heute noch gilt die Pferdestärke als Maß der Leistung eines Motors.

Tandemtankfahrzeug

Dieses Renault-Tankfahrzeug (um 1930) ist mit seinem Anhänger durch eine Zugstange verbunden.

Alte Lkws hatten weder Blinker noch Bremsleuchten.

Auf einen Blick

Sattelschlepper

Sattelschlepper ziehen alle Arten von Anhängern. Hier ein Auflieger mit Seitenvorhängen.

Tanklastzug

Damit die Karosserie eines Tanklastzugs bei einem Zusammenstoß nicht aufplatzt, besteht sie aus zwei Stahlschichten.

Autotransporter

Die Decks des Autotransporters sind schräg gestellt, damit mehr Autos darauf passen.

Sonderausführung

Die Ausstattung und Verzierung bei einzigartigen Trucks wie diesem kostet viel Geld.

Renntruck

Der Fahrer trägt einen Helm, Handschuhe und einen feuerfesten Anzug, wenn er an Rennen teilnimmt.

Langholz-transporter

Dieser Transporter verlädt die schweren Stämme mit seinem eingebauten Kran.

Schneepflug

Die gewölbte Schaufel vorn am Schneepflug schiebt den Schnee beiseite.

Lkw-Zug

Ein Lkw-Zug wird wegen seiner Länge an speziellen Lkw-Zug-Stationen be- und entladen.

Riesenmuldenkipper

Nur über eine Leiter gelangt der Fahrer dieses Riesen-muldenkippers in seine Kabine.

Monstertruck

Mit seinen Riesenreifen drückt der Monstertruck Autos zusammen. Seine Karosserie ist sehr massiv.

Begriffe

Abgas Nicht brennbares Gasgemisch im Motor, das durch den Auspuff austritt.

Achse Eine Stahlwelle unter einem Lkw, die zwei Räder verbindet.

Auflieger Ein Lastanhänger, der mit der Zugmaschine einen Sattelschlepperzug bildet.

Diesel Ein öliger Motorkraftstoff.

Dragster Ein Renntruck für kurze Strecken.

Kabine Das Führerhaus des Lastwagens.

Konzept-Truck Ein Spezialtruck zum Ausprobieren neuer Ideen.

Motor Eine Maschine, die Kraftstoff verbrennt, um ein Fahrzeug anzutreiben.

Pferdestärke Ältere Maßeinheit der Motorleistung. Heute durch Kilowatt ersetzt.

Reifen Ein mit Luft gefüllter Ring aus Gummi und Stahl, der ein Rad umschließt.

Sattelkupplung Ein Stahldrehgelenk, das den Auflieger mit der Zugmaschine verbindet.

Sattelschlepperzug Ein Lkw aus zwei Teilen, die mit einem Drehgelenk verbunden sind.

Sonderausführung Ein einzigartig ausgestatteter und verzierter Lkw.

Zugmaschine Der vordere Teil eines Sattelschlepperzugs. Enthält die Fahrerkabine, die Antriebsräder und den Motor.

Register

Zugmaschine

Dank

Dorling Kindersley dankt der Zeitschrift Truck & Driver für ihre Hilfe bei der Bildbeschaffung und Sarah Mills für Bildrecherchen.

Bildnachweis

Der Verlag dankt den folgenden Personen, Firmen und Institutionen für die freundliche Erlaubnis, ihr Bildmaterial zu verwenden:
(o = oben; m = Mitte; u = unten; l = links; r = rechts)

1 Sporting Pictures (UK) Ltd: Steve Perkins/Sport the Library (m). 2–3: Scania. 4: Alvey and Towers (ml). 4–5: Volvo Truck Corporation. 5: Volvo Truck Corporation (or). 6: Photolibrary.com: Diaphor La Phototheque (or). 7: Corbis: Phil Schermeister (ol). 8–9: Zefal Visual Media: Ed Gifford/Masterfile. 9: Corbis: Richard T. Nowitz (ul); Getty Images: Photographer's Choice (or). 10: Komatsu (oml). 10–11: Zefa Visual Media: Albert Normandin/Masterfile (ol). 12: Corbis: Michael S. Yamashita (ml). 12–13: Photolibrary.com: Resnick Seth. 14: Corbis: Dewitt Jones (ml); 14–15: Corbis: Kevin Fleming. 15: Zefa Visual Media: Lloyd Sutton/Masterfile (tl). 16: Newspix Archive/Nationwide News: Dusko Maic (ml). 16–17: Australian Picture Library: Nick Rains. 17: Alamy Images: Gondwana Photo Art (ur); Corbis: L. Clarke 8ur). 19: Sporting Pictures (UK) Ltd (ol). 20: Hank's Truck Pictures (ml). 20–21: Photolibrary.com: Jon Arnold Images. 21: Alvey and Towers: Simon Everett (mr). 22: Sporting Pictures (UK) Ltd: Paul Webb (or). 22–23: Action Plus: Doug Murray. 24: Volvo Truck Corporation (ml). 24–25: Renault Trucks. 26: Corbis: Neville Elder (ml). 26–27: Action Plus: Neale Haynes. 27: Eric Stern (or). 28: Hank's Truck Pictures (mu). 28–29: Corbis: Negri, Brescia. 29: Niels Janson (ol). 30: Hank's Truck Pictures (um). 31: Corbis: Bennett Dean; Eye Ubiquitous (or). 31: Scania (ol, om). 32: Kenworth Truck Company (mul).
Cover hinten: Corbis/Derek Croucher (Hintergrund)

Für weitere Informationen: www.dkimages.com